Make up and Hair Style of Featured Clothes

麦麦化妆造型工作室 诸葛莹 编著

特色服饰
化妆造型宝典

人民邮电出版社

北 京

图书在版编目（CIP）数据

特色服饰化妆造型宝典 / 诸葛莹编著. -- 北京：
人民邮电出版社，2013.11
ISBN 978-7-115-33012-3

Ⅰ. ①特… Ⅱ. ①诸… Ⅲ. ①化妆－造型设计 Ⅳ.
①TS974.1

中国版本图书馆CIP数据核字(2013)第216256号

内 容 提 要

本书是一本特色服饰化妆与造型的指南。全书共分为 6 篇，分别为妆容基础篇、妆容实例篇、发型基础篇、发型实例篇、服装饰品篇和作品赏析篇。本书介绍了化妆与造型的基础知识，并重点对旗袍、秀禾、凤冠霞帔、清朝、唐朝、汉朝、和服、韩服、欧洲宫廷服、仙女等造型的妆容、发型、服装、饰品进行了全面的展示，其中有 8 款妆容实例和 60 款发型实例，并有大量经典案例赏析。本书图片精美，语言表述准确，力求做到通俗易懂，从而有助于读者提高化妆造型技能和审美品位。

本书适用于影楼化妆造型师学习参考，同时也可供影视化妆造型师参考。

◆ 编　著　麦麦化妆造型工作室　诸葛莹
　　责任编辑　赵　迟
　　责任印制　方　航

◆ 人民邮电出版社出版发行　　北京市崇文区夕照寺街 14 号
　　邮编　100061　电子邮件　315@ptpress.com.cn
　　网址　http://www.ptpress.com.cn
　　北京画中画印刷有限公司印刷

◆ 开本：889×1194　1/16
　　印张：14.5
　　字数：616 千字　　　　　　　2013 年 11 月第 1 版
　　印数：1- 3 000 册　　　　　　2013 年 11 月北京第 1 次印刷

定价：98.00 元

读者服务热线：（010）67132692　印装质量热线：（010）67129223
反盗版热线：（010）67171154
广告经营许可证：京崇工商广字第 0021 号

　　小时候我就爱看电视剧《红楼梦》，羡慕里面的姐姐能梳那么漂亮的发型，戴那么精致的发饰。长大一点，我就爱自己画些美女图。爸爸现在回忆起来还会笑着说："这孩子也许就和化妆造型这行业有缘，从内心里喜欢。"这也许就是这么多年来我能坚持从事这个行业的"原动力"吧。

　　在《影楼经典白纱发型 100 例》一书中，我列举了在新娘化妆过程中常用的 100 款发型，相信能对同行们有一定的提示和帮助。我在很多读者的反馈意见中了解到，他们希望书中有对化妆师的基本素养、基本技能的更全面、系统的讲解和说明。

　　这本《特色服饰化妆造型宝典》共分 6 篇，分别为妆容基础篇、妆容实例篇、发型基础篇、发型实例篇、服装饰品篇和作品赏析篇。书中内容包括化妆用品及工具的选择与使用、化妆的基本审美依据、化妆的色彩、化妆基本步骤、特色服装代表妆容实例、造型工具与产品、基本造型手法、特色服饰造型实例、特色服装的分类及特点、饰品的选择及制作等。本书对旗袍、秀禾、凤冠霞帔、清朝、唐朝、汉朝、和服、韩服、欧洲宫廷服、仙女等造型的经典妆容、发型、服装、饰品进行了全面的展示，尽力做到分析详尽，通俗易懂。书中的饰品由我亲手制作。我在这本书中投入了大量的心血。希望本书能给从业者及对化妆造型有兴趣的人士提供参考。

　　在此感谢以下朋友们在本书的编写过程中给我的帮助。

　　摄影：完美女人摄影工作室。

　　数码：小果。

　　模特：吴鑫桐、王月文、张晓莹、贾艳梅、楚楚、郭丽萍、李志勇、廉杰、李爽、许紫薇、柳梦、心遥。

　　化妆师：兆兆（P1、P46、P52、P158、P159、P182、P188-194、P196-201、P217、P224、P228）、陈晓红、韩琳。

诸葛堂

2013 年 8 月

妆容基础篇 /007

妆容实例篇 /029

[目录]

发型基础篇 /047

发型实例篇 /053

服装饰品篇 /175

作品赏析篇 /183

妆容基础篇

第 1 章 化妆用品及工具的选择与使用

1

一、化妆用品名称及功能

1. 化妆水（收缩水、爽肤水）

化妆水是化妆的第一层，有调整和收敛皮肤的作用，能使皮肤光洁、具有弹性，为上粉底提供更好的条件。油性及毛孔粗大的皮肤适合用收敛型的化妆水，干性皮肤适合用滋润型的化妆水。

2

2. 修颜液（霜）/隔离

修颜液（霜）的作用是修饰整体脸部颜色，弥补面色的不足。修颜液可使面部润泽，以便基础粉底均匀地附着在皮肤上；也可起到隔离作用，防止修饰类的化妆品直接由毛孔进入皮肤深层。

3. 粉底

3a

粉底是用来调整肤色、统一皮肤色调的。粉底能使皮肤外观具有透明感和光洁感，是化妆的底彩。粉底有适用于油性皮肤及适用于干性皮肤两种性质，其主要成分是油、水、粉及色素。

（1）按性质分类

3b

粉底霜呈不透明状膏体，含油分较多，较稠，遮盖性强。薄涂可用于生活淡妆，厚涂可用于浓妆。适用于干性皮肤、中性皮肤、衰老性皮肤，可在春季、秋季、冬季使用。适合专业化妆，如摄影妆、新娘妆、晚宴妆、舞台妆。

② 液质粉底：呈半乳液状态。水分较多，涂抹后自然清新，但遮盖性略差。适用于淡妆，多用于夏季，油性皮肤适用。适合生活妆、当日新娘妆。

③ 粉饼：主要成分是粉料和水，加少量的油分。用后皮肤细滑、柔和，具有较强的遮盖性，适用于油性皮肤和简单的生活妆。

3c

（2）按色彩分类

由于粉底中添加的色素种类和色素量不同，粉底具有多种色彩，以肤色—麦芽色为基础色调。

① 浅肤色：黄白皮肤基础色。可使皮肤显得自然、洁白、细腻，适用于皮肤较白的人。

② 古铜色：男性基础色、女性阴影色、深肤色女性基础色。

③ 棕黄色：男性基础色、女性阴影色、深肤色女性基础色。

④ 象牙白色：浓妆提亮色。

⑤ 深褐色：男性深度阴影色。

⑥ 浅绿色：红皮肤抑制色。

⑦ 浅紫色：黄皮肤抑制色。

3d

4. 定妆粉（蜜粉、散粉）

用来调整肤色和固定粉底，防止脱妆。同时可以吸走皮肤上多余的油脂，并柔和粉底霜在皮肤上的质感。在性质上可分为以下几种。

① 透明蜜粉、半透明粉：使用后不改变底色，易和粉底色融为一体，具有透明感，主要用于定妆。

② 有色蜜粉：常用的有米色、肉粉色、土黄色、绿色、紫色等，可弥补底色的不足，遮盖瑕疵。主要用于同色粉底的定妆。

③ 其他：干湿两用粉、七彩散粉等。

4a

4b

5. 眉粉

为了画出自然、有立体感的眉形，可用眉粉刷出眉毛的形状。颜色以灰色、咖啡色为主。

6. 眉笔

眉笔是用于描画、修饰眉形的化妆品。色彩以咖啡色、灰色、褐色为主，可根据年龄、肤色和妆型选择。年龄较大的人宜用灰色，淡妆或肤色白的人宜用棕色，浓妆宜用灰黑色。

5

7. 眼线笔

眼线笔是强调和调整眼睛轮廓的化妆品，能起到加强眼睛神采的作用。

① 眼线粉：水溶性的画眼线材料，画出的眼线清晰明显、不易脱色。适合画浓妆。

② 眼线液：胶状的画眼线材料，适合画浓妆。

③ 眼线笔：日常化妆时最常用的材料，表现的效果自然真实。

④ 眼线膏：化妆师常用的材料，色彩浓郁，画出的眼线清晰流畅。适合各类化妆。

6

8. 眼影

眼影是眼部化妆的彩色材料，色彩丰富多变，有红、橙、黄、绿、青、蓝、紫7个基本色。可分为暖色系（红、橙、黄）、冷色系（青、蓝）及中性色系（绿），它们可以互相调配成其他颜色。眼部的彩妆可赋予眼睛立体感和朦胧感。

① 眼影粉：最常用的材料，容易晕染，分为亚光和珠光两种材质。

② 眼影膏：含有油的成分，附着力较强。

③ 眼影笔：生活妆常用工具，比较方便。

7a

9. 鼻侧影

用于鼻部的造型，体现鼻梁的立体感、挺拔感。一般以咖啡色为主，有深浅冷暖之分。

7b

10. 腮红

用来强调脸部血色，有很强的造型作用，一般以红色系为主，有深浅冷暖之分。

7c

10

9

8c

8b

8a

7d

11. 唇膏

唇膏用于表现嘴唇的色彩，一般以红色系为主，色彩丰富多变，有深浅冷暖之分。性质上分为透明、半透明和不透明唇膏。唇膏的色彩应根据妆面、肤色、个性等选择搭配。

12. 唇彩

色彩种类繁多，可使唇部更有光泽，更滋润。

13. 唇线笔

用来描画唇线和改变唇形。以红色系为主，色彩丰富，有深浅冷暖之分。一般唇线色比唇膏色深。

14. 睫毛膏

用来加强睫毛的浓密感，并使睫毛显得更长，可增强眼睛的神采。睫毛膏有水溶型、防水型和加长型等类别。

15. 遮瑕膏

用来遮盖脸部的斑点、暗疮及其他瑕疵。遮盖力比基础底色强。

16. 美目贴

它可将单眼皮贴成双眼皮，也可以为眼皮疏松、下垂者重新固定双眼皮形状，还可以改变眼睛形状，使眼睛看起来更圆或更长。

17. 假睫毛

在日常生活中，大多数人是不用戴假睫毛的，用睫毛膏就可以了。新娘妆、时尚妆就需要用假睫毛来修饰、渲染眼部了。

18. 胶水

用来粘贴假睫毛，也可用作美目胶。

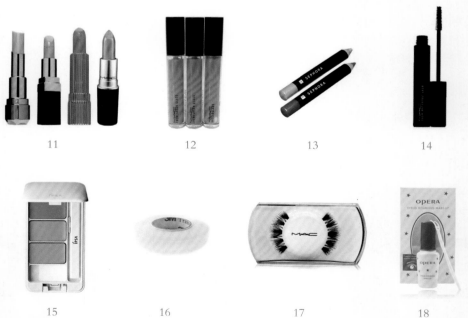

| 11 | 12 | 13 | 14 |

| 15 | 16 | 17 | 18 |

二、化妆工具

1. 眉钳、修眉刀

用于修整眉形或发际边缘毛发。眉钳可将眉毛连根拔除，修眉刀则可紧贴皮肤将毛发切断。

1a

2. 眉剪

剪掉过长或下垂的眉毛，使眉毛显得整齐。

1b

3. 睫毛夹

用来夹睫毛，使睫毛卷翘。

4. 海绵扑

是用于涂粉底的化妆用具。使用前将化妆海绵用清水蘸湿，使其保持潮湿。用这种状态的海绵涂敷粉底，可使粉底与皮肤更贴合，显得自然。

5. 粉扑

用于扑拍蜜粉的用具。一般应备有两个。将粉扑蘸蜜粉后相对揉搓，使蜜粉在粉扑上分布均匀，便于定妆。使用时将粉扑在面部轻按，不要在皮肤上来回擦拭，以免粉底色被破坏。

2

6. 化妆刷

化妆的重要工具，用于打散粉、腮红等，可根据具体需要选择不同的刷子。

6

3

5

4

第2章 化妆的基本审美依据

一、皮肤

皮肤覆盖人体表面，成人皮肤面积约 2 平方米，是机体接触外界最大的器官。皮肤容易受到外界环境的损伤和身体的分泌物的污染，同时也可反应一个人的健康状况和精神面貌。皮肤分三层：表皮、真皮，以及真皮下面的脂肪。

健康、美丽的皮肤有 5 个判断标准：①洁净，无斑点，无异常凹凸现象；②有活力，红润亮泽；③有弹性，光滑柔软；④呈中性，不敏感、油腻、干燥；⑤不易衰老。

1. 肤色

肤色是皮肤呈现出来的颜色，主要受黑色素影响。肤色因种族、个体及分布地区的不同而有所差异。黄种人的皮肤按颜色深浅可分为浅肤色、中肤色和深肤色三种；从色调可分为偏白色、偏红色、偏黄色和偏黑色四种。化妆前需观察化妆对象的面颊、额头、颈部的自然肤色，对妆色的选择做出准备。

2. 肤质

肤质是指因皮肤多样化而形成的特殊属性及特征。肤质共有五种。

（1）中性皮肤

皮肤摸上去细腻而有弹性，毛孔细致。不干也不油腻，只是天气转冷时偏干，夏天则有时泛油光。比较耐晒，对外界刺激不敏感。

（2）干性皮肤

皮肤看上去细腻，很少长粉刺和暗疮。换季时变得干燥，有脱皮现象。触摸时会觉得粗糙，容易生成皱纹及斑点。

（3）油性皮肤

面部经常泛油光，毛孔粗大，肤质粗糙，皮质厚且易生暗疮、粉刺、黑头，但不易产生皱纹。

（4）混合性皮肤

额头、鼻梁、下颌有油光，易长粉刺，其余部分则干燥。

（5）敏感性皮肤

皮肤较薄，脆弱，缺乏弹性。换季或遇冷遇热时皮肤发红，易起小丘疹。毛细血管壁较薄，容易破裂，形成红丝。

二、脸型

1. 脸型特征

　　脸型在人的整体形象中占据重要的位置，是五官表现的基础。修饰脸型可改变人的气质和感觉。脸型会随着胖瘦和年龄的变化而变化。

　　中国当代审美以椭圆形为女性理想的脸型，其特征是脸部宽度适中，长度与宽度比约为4：3，从额部、面颊到下颌线条修长秀气，有古典的柔美和含蓄气质。化妆时应注意保持其自然形状，突出其优势，可找出脸部最动人、最有优势的部位，然后进行强调，让妆容有重点。

圆形脸　　　　　　　　长形脸　　　　　　　　方形脸

菱形脸　　　　　　　正三角形脸　　　　　　倒三角形脸

2. 脸型分类及修正方法

（1）圆形脸

　　面部圆润丰满，骨骼结构不明显，额角及下颌偏圆。修正方法：在视觉上对脸部进行拉长和收窄。

（2）长形脸

　　面部窄瘦，肌肉不丰满，或者脸部整体结构纵感突出。修正方法：在视觉上对脸部进行缩短和拉宽。

（3）方形脸

　　有宽而方的前额和下颌角，棱角分明，脸的长度和宽度相近。修正方法：减少脸型四个角的坚硬感，增加柔度。

（4）菱形脸

　　面部有棱角感，上额角过窄，颧骨宽大突出，下颌过尖。修正方法：拉宽脸颊两端，削弱颧骨，柔和棱角。

（5）正三角形脸

　　面部上窄下宽，又称"梨"形脸。有的人骨骼明显，有的人丰满圆润。修正方法：应将腮部"削"去，增加脸上部的宽度。

（6）倒三角形脸

　　面部前额较宽阔，下颌偏尖，又称心形脸、瓜子脸。修正方法：掩饰上部，拉宽下部。

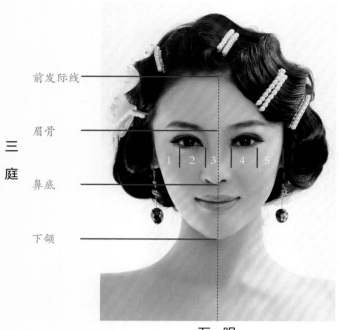

三庭

前发际线

眉骨

鼻底

下颌

1 2 3 4 5

五　眼

三、三庭五眼黄金分割法

1. 三庭

　　指脸的长度比例。把脸的长度分为 3 个等份，从前额发际线至眉骨、从眉骨至鼻底、从鼻底至下颌，各占脸长的 1/3。

2. 五眼

　　指脸的宽度比例。以眼睛长度为单位，把脸的宽度分为 5 个等份，从左侧发际至右侧发际为 5 只眼睛的长度。两只眼睛之间有 1 只眼睛的长度，两眼外侧至侧发际各有 1 只眼睛的长度。

四、面部立体结构

1. 头部骨骼结构

　　头骨有几个突出的点，称为骨点。这些骨点通过面部肌肉显示出来，从额头的额结节到眉弓、颞线、颧骨结节和下颌结节骨点的连接，便构成了头部不同面的转折。由此可以看出，眉、眼、鼻、嘴是处在一个面上，耳朵是长在两个侧面上。

2. 面部肌肉结构

　　面部的表情肌有 42 块，止于面部皮肤，主要分布于面部孔裂周围，如眼裂、口裂和鼻孔周围。面部肌肉可分为环形肌和辐射肌两种，有闭合或开大上述孔裂的作用。同时，可牵动面部皮肤，显示喜怒哀乐等表情。了解了面部肌肉结构，可以更准确地修饰五官的细节及轮廓，从而打造出我们想要的妆容。

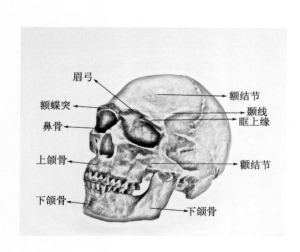

眉弓

额蝶突

鼻骨

上颌骨

下颌骨

额结节

颞线
眶上缘

颧结节

下颌骨

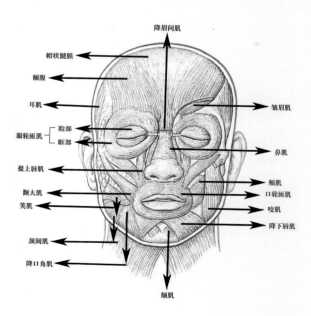

降眉间肌

帽状腱膜

额腹

耳肌

眼轮匝肌 ｛ 睑部 眶部

提上唇肌

颧大肌

笑肌

颊阔肌

降口角肌

皱眉肌

鼻肌

颊肌

口轮匝肌

咬肌

降下唇肌

颏肌

第 3 章 化妆的色彩

一、色彩的基本知识

1. 色彩的三要素

色相：指色彩的相貌，如红、黄、蓝、绿等。

纯度：指色彩纯净、饱和的程度。原色纯度最高，间色次之，复色纯度最低。

明度：指色彩显示的明暗、深浅程度。白色明度最强，黄色次之，蓝色更次之，黑色最弱。

2. 三原色、三间色、复色、补色

（1）三原色

原色是指不能通过其他颜色混合调配而得出的"基本色"。

色光三原色：色光三原色分别为红、绿、蓝。将这三种色光混合，便可以得出白色。例如，在电视屏幕中看到的色彩都是由色光三原色混合形成的。

色料三原色：色料三原色分别为青蓝、洋红、黄。将这三原色混合，会得出黑色。它是靠光线的照射，再反射出部分光线去刺激人的视觉，从而产生颜色的感觉。

（2）三间色

三间色是三原色当中的两个色以同等比例调和而成的颜色。例如，红色加黄色是橙色，红色加蓝色是紫色，黄色加蓝色是绿色。

（3）复色

三次色又叫复色，由相邻的两种色彩混合而成。它可以由两个间色混合而成，也可以由一种原色和其对应的间色混合而成。例如，原色黄色和间色橙色可以混合出黄橙色。

（4）补色

补色又称对比色，是指一种原色与另外两种原色混合的间色之间的关系。红色与绿色、蓝色与橙色、黄色与紫色形成强烈的补色对比效果。补色在色环中呈现出对角关系。

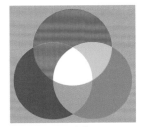
三原色

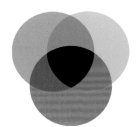
三间色

复色

补色

3. 冷色、暖色、中性色

人们把红色、橙色、黄色与太阳、火联系起来，它们能带给人一种温暖的感受，通常称为暖色；把青色、蓝色、蓝紫色与水、冰、雪联系起来，产生一种清凉、寒冷的感觉，通常称为冷色。色彩中的绿色、紫色则称为中性色。

色彩的冷暖并不是绝对的，而是相对的，是在色彩的比较中存在的。如朱红、大红、紫红三种红色，朱红比大红显暖，大红比紫红显暖。

4. 无彩色

黑色、白色、灰色、金色、银色属于无彩色系列，也称消色。

二、化妆常用色彩搭配

1. 同类色组合

利用没有冷暖变化的单一色调是最简单、最容易掌握的组合方式。特点是统一、有和谐感，弱点是缺乏活跃感。可以利用不同明度和纯度的变化，也可用黑、白、灰相配，避免色彩太单调。如深红、正红、浅红。

2. 邻近色组合

邻近色是指在色环上相互邻近的几个色彩，如紫红色、红色、橙红色、橙黄色等，它们都含有红色的成分。

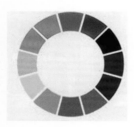

3. 对比色组合

三原色中两种原色相混合产生的间色与另一种原色并置产生对比，称为对比色。在并列时，由于相互的衬托，引起了强烈的对比，红的将显得更红，绿的将显得更绿。

三、色彩的情感作用

1. 红色 ▮▮▮

最引人注意，可表现兴奋、激动、活泼、生动、热烈、喜庆、胜利、庄严、芬芳、饱满、青春、温暖、精力充沛、前进。属暖色调。与黑色搭配显庄重，与白色搭配显艳丽，与金黄色及银色搭配显辉煌。

2. 橙色 ▮▮▮

最暖的颜色，给人光明、饱满、愉快、辉煌、华丽、明亮的感觉，易打动人，引人兴奋，带有神秘气氛，穿透力强，看久了使人视觉疲劳。属暖色调。

3. 黄色 ▮▮▮

光感最强，给人辉煌、灿烂、轻快、纯净、充满希望、活跃年轻、崇高华丽、威严的感觉，是历代皇室专用的色彩。另一方面给人病态、反常、颓废，低俗的感觉。在眼部化妆时，可用作明亮色来突出眼睛的结构，使眼部明亮动人。

4. 绿色 ▮▮▮

视觉上最适应的颜色，给人稳定、充满活力、希望、满足的感觉。可安神养目，是平静、青春、和平的象征，属中间色。

5. 蓝色 ▮▮▮

最冷的颜色，表现出深远、沉静、崇高、纯洁、理智的性格，是一种收缩、内在的色彩。有后退、内在、幽静、深远、透明、纯洁、流动、轻快、朴素的视觉效果。

6. 紫色 ▮▮▮

给人华丽、高雅、尊贵、忧郁、神秘、迷信的感觉，属中性色。可增添眼睛的妩媚感，显得肤色更加白皙。

7. 白色 ▮▮▮

给人以光明、纯洁、质朴、天真、轻快、恬静、整洁、雅致、凉爽、卫生的感觉，象征着和平与神圣。

8. 黑色 ▮▮▮

严肃、庄重、坚定、神秘，另一方面给人悲痛、阴谋、恐怖的感觉。

9. 灰色 ▮▮▮

给人一种高雅、精致、含蓄、和谐、耐人寻味的感觉，另一方面给人缺乏个性、单调、沉闷、精神不振的感觉。灰色有衬托的作用，可衬托各种颜色。

10. 咖啡色 ▮▮▮

给人朴素、含蓄、坚定的感觉，有融合的作用，最易与肤色、服色协调，能与任何颜色搭配，也是最适合亚洲人的色彩，属中性色。

服装、彩妆（眼影、口红、腮红）、配饰、鞋子等，都会运用到色彩。颜色用得不好就难以达到预期效果；颜色运用得到位则会起到事半功倍的效果。色彩寓意人的情绪，也展示人的性格。因此，整体形象设计应先从了解色彩、恰当运用色彩开始。

第4章 化妆的基本流程与局部化妆

一、化妆的基本流程

01 选择合适的修颜色，对雀斑、黑眼圈、粉刺，以及因皮肤松弛出现的凹痕等部位进行遮盖，用手或海绵轻按、涂匀。

02 将液体粉底均匀地涂于全脸，用粉底刷涂的粉底更轻薄、自然。

03 用大号散粉刷蘸定妆散粉，在面部均匀地轻扫。

04 用中号侧影刷蘸白色或米色修容粉，对高光区（T区、额头、下巴）提亮。

05 用鼻侧影刷蘸侧影粉，从眉头下方刷到鼻梁两侧，过渡要自然。

06 用眉刷蘸眉粉，刷出自然流畅的眉形，再用眉笔填补缺损的地方。

07 用眼线刷蘸眼线膏，紧贴着睫毛根部描画出干净、流畅的线条。

08 用眼影刷蘸眼影粉，根据不同妆面要求选择范围晕染。

09 先用睫毛夹分三段夹出自然卷翘的睫毛，再用睫毛膏轻刷睫毛，使眼睛更有光彩。（如需加强效果，可粘假睫毛。）

10 用唇刷蘸口红，先勾出唇形，再将口红均匀涂满唇部。

11 用腮红刷蘸腮红，打在笑肌处，然后再晕开，过渡要自然。

12 用大号侧影刷蘸深色修容粉，对脸形进行修饰。

13 化妆完成后认真审视妆容，看整体是否协调，细节是否处理适当，有无脱妆。

二、妆容整体构想

在化妆工作开始前，化妆师应该在脑子里有完整的构思，并与化妆对象有良好的沟通，把握妆型特点、浓淡程度、适合的场合、化妆对象的身份等。一般要注意以下几点。

① 化妆前需要仔细观察化妆环境的光线，避免光线太亮或太暗。

② 快速观察、总结化妆对象的长相特点，例如，皮肤状况、瞳孔大小、头发颜色、脸型、五官、凹凸结构等。

③ 了解化妆对象要穿着的服装款式、颜色。

④ 与化妆对象进行沟通，了解对方的具体情况。对化妆对象的喜好、出席的场合、有无过敏情况等进行询问，然后再对其妆容进行准确的定位。

三、洁肤与润肤

在化妆之前应该彻底清洁皮肤，为化妆打好基础。在清洁皮肤时，可取适量洁肤产品放在手心，加水打出丰富泡沫，轻轻打圈按摩，这样可以使皮肤舒张，从而增加与化妆品的亲和力。洁肤后不宜马上上妆，可先使用保湿化妆水轻拍整个脸部，补充水分，等肌肤完全吸收后，涂上润肤品滋养皮肤，同时也可以选择隔离彩妆，边涂边轻轻按摩，使皮肤完全吸收。润肤工作可保护皮肤，使皮肤呈现最佳的水嫩状态，上妆后不容易浮粉、脱妆。要根据肤质、季节、妆型选择润肤产品。

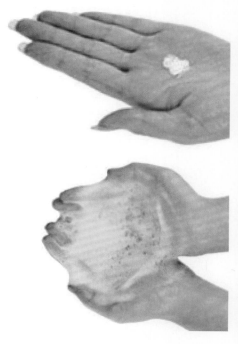

四、修颜

修颜就是修正脸部颜色，弥补面色不足。通常较暗、较黄的肤色用紫色来修正；较红的肤色用绿色来修正；正常肤色用肉色来修正。

五、遮瑕

遮瑕膏可视作粉底的一种。不同之处在于遮瑕膏比普通粉底具有更好的遮盖力，且更贴合肌肤，不易脱妆。大部分人的脸上都会有一些瑕疵（例如，黑眼圈、眼袋、嘴角和鼻翼周围的暗沉）。运用遮瑕膏可以让脸部重现光滑细致。遮瑕膏通常有三种：液状、膏状和条状。液状和条状的遮瑕膏遮盖效果较好，但是上妆技术必须熟练；膏状遮瑕膏的遮盖能力较弱，但是因为质地清爽，反而容易创造出自然的妆容。遮瑕膏多为固体，但是黏度各不相同。可以根据自己的需要选择是大面积使用还是局部使用。

在色泽方面，当然要选用配合本身肤色的产品，不能使用偏白的色系，因为白色遮瑕膏涂在黑眼圈上会形成灰色的阴影。肤色偏黄的东方人应该选用略带黄色的遮瑕膏，这样才能掩饰红斑或黑眼圈。

最好准备两种色泽的遮瑕膏，一种配合本身肤色，另一种则略浅一号，方便加强脸部轮廓。另外，还需要备好油质与粉质两种质地的产品。当有黑眼圈、眼袋等现象时，若使用粉质产品，便容易出现细纹或龟裂，因此要使用较滋润的油质遮瑕膏；相反，长有青春痘、暗疮等部位，就必须使用粉质的遮瑕膏，因为质地较油的遮瑕膏难以附着在这些部位上。

很多人因为怕遮盖力不够，会涂上厚厚的一层遮瑕膏，这样反而使得妆容更显突兀。事实上，遮瑕膏与粉底的不同之处在于其密度较高，只要搽上薄薄一层，并用手指仔细推匀即可。

遮瑕膏不能直接涂在黑眼圈、眼袋等部位，否则会使眼睛状况看起来更糟；应该涂抹在眼圈与眼袋边缘的皮肤上，轻轻推开，让这两个部位的肤色与其他部位的肤色相近。对于粉刺、暗疮或红斑等，则可以直接涂在上面，只要注意，一点分量就可以发挥作用了。

遮瑕条　　　遮瑕液　　　　　遮瑕膏

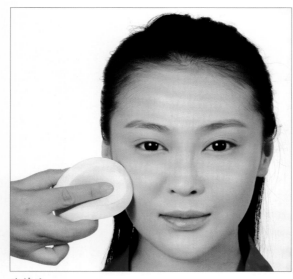

海绵法

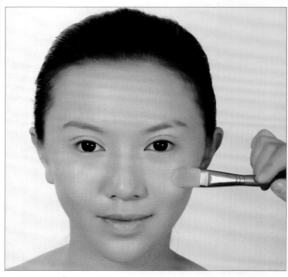

刷子法

六、粉底

1. 粉底的类型与打法

粉底根据质地可分为粉底霜（膏）、粉底液、粉饼。下面介绍比较常用的上妆方法：海绵法、刷子法。

（1）海绵法

用海绵扑更容易均匀上妆。可运用按压和推涂结合的手法，让粉底紧贴皮肤，防止浮起。如果是膏状粉底，可将海绵打湿，潮湿的海绵可以稀释过于干燥的固体粉底，使粉底均匀而服帖。与粉底霜（膏）结合使用。

（2）刷子法

用粉底刷上妆时应注意边缘和其他部分的自然衔接，防止有刷痕。与粉底液结合使用。

2. 粉底的颜色

涂抹粉底时，一般要选择与肤色相近的颜色，涂抹要均匀、厚薄要适中、顺序是由内而外，由下至上，注意少量多次上妆。粉底在面部的覆盖要全面，耳部、脖子都不能疏忽。粉底涂好后，皮肤感觉越透越好。

涂抹粉底时可用三种颜色来调节，选择一个比肤色浅的颜色，一个比肤色暗的颜色，一个和肤色相近的颜色。

浅色粉底用于高光区，例如，T字区、下眼睑、下巴、太阳穴等（或需要"凸"的部位）；暗色粉底用于侧影区，例如，下颌骨、鼻骨两侧（或需要"凹"的部位）；肤色粉底用于其他剩余部位。注意不同颜色粉底之间的衔接要自然，使面部看上去有真实的立体感。

七、定妆

上好粉底后，面部会有点油光，容易脱妆。扑散粉可以用来固定并柔和粉底，防止脱妆或走形，同时吸走皮肤上多余的油脂。定妆可以使皮肤显得清爽光滑，还可协调脸部彩妆，使不均衡的色彩变得柔和自然。定妆一般分为以下两种。

（1）刷子定妆法

用散粉刷蘸散粉，在全脸轻扫后，把刷子上的粉先弹去，再刷去脸上多余的浮粉。

（2）粉扑定妆法

用粉扑上妆时，不能直接往脸上涂。要用粉扑蘸适量的散粉，将粉扑对折后轻轻揉搓，调匀后从里向外轻轻按压。

刷子定妆法　　　　　　　粉扑定妆法

八、眉的修饰

想画出美丽的眉毛，必须先了解标准眉形。眉头应在鼻翼、内眼角向上垂直的延长线上；眉峰应该在眼睛平视前方时黑眼球的外侧与外眼角之间的垂直延长线上，在整条眉毛的后1/3处；眉尾应该在鼻翼、外眼角的延长线上。眉头与眉尾大约在同一条水平线上，眉尾可以略高于眉头。

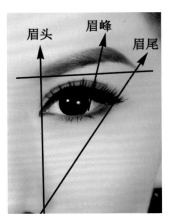 

先用圆筒状眉扫轻轻地梳理眉毛。

顺着眉毛自然生长的方向，用眉笔一根根填补眉毛空缺处，眉毛底线要交代清楚。

用眉刷蘸眉粉，轻轻晕染出自然立体的眉毛。

九、眼影

眼影用于眼部周围的晕染，以色与影使之具有立体感。眼影有粉末状、棒状、膏状、乳液状和铅笔状。眼影的主要作用就是赋予眼部立体感，并通过色彩的张力让整个脸庞魅惑动人。下面介绍几种常用的眼影画法。

1. 水平层次法

将眼影在眼睑处从睫毛根部向上渐层晕染，从双眼皮内侧向外逐渐变淡。立体画法和水平画法没有绝对的界限，立体画法中常包含表现色彩变化的内容，水平画法也常顾及眼部凹凸结构的因素，只是它们表现的重点不同。

2. 左右搭配法

将上眼睑垂直分为两部分或三部分进行涂抹，中间过渡要自然柔和。此种搭配法色彩明显，修饰性强。下垂眼可以用此法调整。

3. 立体结构法

是一种突出眼部立体感的画法。主要用阴影色和亮色搭配，强调眼部的结构。在需要显得凹陷的部位涂上阴影色，在需要显得凸出的部位涂上明亮色。

十、眼线

眼线是眼部化妆的重要内容，有调整眼睛轮廓和两眼间距的作用，并能加强眼睛的神采，使眼睛黑白对比明显。完美精致的眼线可以使双眼更加楚楚动人，起到顾盼生辉的作用。或狂野，或妩媚，或刚强，或柔弱，都可以通过一条细细的眼线表达出来。

画上眼线时，让化妆对象下巴微抬，闭上双眼。拿眼线笔的手要支撑住，最好垫一个勾扑。用另一只手在上眼睑处向上轻提，使睫毛根部充分暴露出来。从外眼角或内眼角开始仔细描画，注意要紧贴睫毛根部。

画下眼线时，让化妆对象下巴微收，眼睛向上看，从外眼角或内眼角开始描画。注意手要轻、稳。

画上眼线　　　　　　　　画下眼线

眼线工具有以下几种：眼线笔、眼线液、眼线膏和水溶眼线粉（可用眼线刷上妆）。

眼线膏或水溶眼线粉　　　　眼线液　　　　　　　眼线笔

十一、睫毛

01 修剪：将假睫毛和眼睛对比一下长度，根据眼妆特点，修剪出长度合适的假睫毛。

02 涂胶水：先用手指将假睫毛从两端向中部弯曲，使其弧度与眼睑弧度相符。一手的食指与拇指捏住假睫毛（也可用小镊子），在假睫毛根部底线上轻涂假睫毛专用胶，不要碰到睫毛。

03 夹睫毛：将睫毛分三段，夹出自然上翘的弧度。

04 粘贴：让化妆对象眼睛略向下看，露出睫毛根部。紧贴真睫毛根部粘贴假睫毛。

05 涂睫毛膏：让化妆对象眼睛向下看，从睫毛根部向上轻轻涂抹，让真假睫毛更好地结合，使睫毛卷翘浓密。

06 完成。

十二、腮红

腮红是面颊化妆的重点。腮红可以来弥补肤色的不足，让人的脸蛋看上去健康、红润、有神采。腮红有强化面部立体结构、矫正脸型的作用。

1. 斜形腮红

如果脸较短，不妨试试斜形腮红画法，可让脸蛋看起来较瘦长。将腮红从颧骨向上晕染，会让脸部看起来更立体。

2. 圆形腮红

这是最常见、最简单的腮红画法。只要对着镜子微笑，在两颊凸起的笑肌位置以画圆的方式刷上腮红即可。这款腮红的妆效比较适合甜美可爱的女孩。

3. 横形腮红

如果脸较长，可以用横向腮红画法在视觉上缩短脸形。横形腮红从笑肌向后横向晕染。

4. 蝶形腮红

蝶形腮红的面积较大，不仅能修饰脸形，也能烘托出好气色。腮红的位置是太阳穴、肌笑、耳朵下方构成的蝶形。注意刷腮红时的方向，要从颊侧往两颊中央上色，这样才能让最深的腮红颜色落在颊侧的位置，达到修饰脸形的目的。蝶形腮红适合任何脸形。

斜形腮红　　　　　　圆形腮红

横形腮红　　　　　　蝶形腮红

十三、唇

唇是面部最鲜艳、生动的部位。唇与面部表情密切相关，它有高度特征化的表情功能，通过对唇部的修饰，不仅能增强面部色彩，还可调整肤色。画唇可以矫正唇形，不同颜色和不同的质感可以营造出不同的视觉效果。

妆容实例篇

第 5 章　8 款妆容实例

　　旗袍源于满族女性传统服装，在20世纪上半叶由汉族女性改进，具有复古魅力。旗袍妆容突出眼线，多采用丹凤眼的画法，眼线的描画特点是浓黑，于眼尾呈拉长上翘状。腮红多采用斜向上的扫法，以增强面部的立体感，从而增添女人成熟、复古的韵味。弯弯的柳叶眉也是中式复古妆容的一大特点，但现在很多化妆师也常以自然眉形为基础，画出浓黑的效果。妆容用色较为浓艳，以暖色为主，唇色多是中国式的红色，唇形饱满，以突显复古味道。

01　选择比脸色偏白一号的粉底膏，用湿海绵将肤色调整均匀。

02　用大号散粉刷蘸珠光定妆粉轻扫全脸。

03　用大号眼影刷蘸桃红色眼影粉，均匀地涂在整个眼睑上。

04　用中号眼影刷蘸咖啡色眼影粉，从眼线往双眼皮褶皱处晕染。

05　用黑色液体眼线笔画出清晰的眼线，眼尾适当向上扬。

06　用小号眼影刷蘸咖啡色眼影，紧贴下睫毛画出下眼影。

07　用眉刷蘸咖啡色眉粉画出自然的眉形。

08　用鼻侧影刷蘸侧影粉，从眉头下方刷到鼻梁两侧，过渡要自然。

09　用睫毛夹将睫毛分三段夹出卷翘的睫毛。

10　用纤长睫毛膏刷出根根分明的睫毛。

11　用唇刷蘸红色口红，画饱满的红唇。

12　用侧影刷蘸棕色修容粉，粉修饰出脸的轮廓感。

13　用腮红刷蘸桃红色腮红，均匀斜扫于整个颧骨。

秀禾服是清朝后期的服装，衣身较宽，线条平直硬朗，裙长至脚踝。秀禾服显得秀气、大方、得体，亭亭玉立又不乏羞涩的美感。现代，很多人把秀禾服作为中式婚礼服。秀禾妆容精致而娇艳，淡扫的娥眉，轻启的红唇，嫣红的腮红，深灰的眼影，浓密的睫毛，用色华丽而温暖。

01 用修颜液调整肤色不均的地方，再选用与皮肤同一号颜色的粉底液，均匀地将全脸皮肤打透。

02 用大号散粉刷蘸与粉底色相同的亚光定妆粉，为脸部定妆，注意用量要少。

03 用大号眼影刷蘸肉色眼影，涂抹于整个眼睑。

04 用中号眼影刷蘸咖啡色眼影，在双眼皮皮褶皱内均匀地涂抹。

05 用小号眼影刷蘸咖啡色眼影，紧贴下睫毛根部画出淡淡的下眼线。

06 用液体眼线笔画出清晰流畅的眼线。

07 用睫毛夹夹出卷曲上翘的睫毛

08 贴两对假睫毛，型号分别是112、217，让眼睛有放大的效果，并更具神采。

09 用浓密型睫毛膏增加睫毛浓密感。

10 先用咖啡色眉笔填补眉毛空缺的地方。

11 再用眉刷蘸咖啡色眉粉，晕染出自然流畅的眉形。

12 用肉粉色口红涂抹在唇部。

13 用大号腮红刷蘸粉色腮红，均匀地刷在笑肌上，注意边缘过渡要自然。

　　清朝妆容眉毛纤细，形式单一，不如唐代的眉形变化丰富。底妆肤色应调得白皙些，不建议使用偏粉色的粉底。白皙的皮肤搭配自然的眉形，可以传神地表现出清代女子惹人怜惜的娇柔之美。眼妆色彩应淡雅柔和，不宜涂抹得过于艳丽。眼线与眼影的衔接要清晰，这样眼神会更加清澈。胭脂多选用粉色系，打在颧骨下方，可使面部轮廓显得更加立体。嘴唇的修饰也不容忽视，唇形要小而薄。妆容以自然、淡雅、温婉、端庄为主。

01　将比肤色浅些的液体粉底均匀地涂抹全脸。

02　用大号散粉刷蘸较白的散粉定妆，顺序为由内而外。

03　用双色修容粉的白色或米白色将高光区依次提亮，注意过渡要自然。

04　用中号眼影刷蘸眼影，轻扫于整个眼眶。

05　用小号眼影刷蘸棕色眼影，在双眼皮褶皱内均匀地涂抹。

06　用黑色眼线笔紧挨睫毛根部勾出干净、流畅的眼线。

07　用睫毛夹将睫毛分三段夹出卷翘自然的睫毛。

08　选用两对 217 号假睫毛，贴在上睫毛根部。

09　用纤长睫毛膏将睫毛拉长。

10　用腮红刷蘸粉色腮红，轻扫于笑肌周围。

11　用粉色唇彩画出自然粉嫩的唇色。

　　唐朝面部化妆有敷铅粉、抹胭脂、画黛眉、贴花钿、点面靥、描斜红、涂唇脂诸多方法，淡妆者采其二三，盛妆者悉数运用。铅粉色泽洁白，质地细腻，施于面、颈、胸部，"纤白明媚"。胭脂为提取的红蓝花汁配以猪脂、牛髓制成的膏状颜料。由于帝王士大夫的偏爱，女子眉式花样百出。眉形有鸳鸯眉、小山眉、倒晕眉等。阔眉是主要眉式，初唐一般都画得较长，盛唐以后开始流行短式。花钿是一种额饰，以金箔片、黑光纸、云母片、鱼鳃骨等材料剪制成各种花朵之形，贴于眉间，以梅花最为多见。面靥是于面颊酒窝处以胭脂点染，或像花钿一样，用金箔等物粘贴。斜红是于面颊太阳穴处以胭脂染绘两道红色的月牙形纹饰，工整者形如弦月，繁杂者状似伤痕，是中晚唐妇女一种时髦的打扮。

01　选比肤色白的膏状粉底，用湿粉扑均匀地涂抹全脸。

02　用干粉扑蘸白色的定妆粉，均匀地定妆。

03　用大号眼影刷蘸桃红色眼影，涂抹于整个眼睑上。

04　用中号眼影刷蘸红色眼影，涂抹在双眼皮褶皱处。

05　用小号眼影刷蘸棕色眼影粉，紧挨着睫毛根部画出下眼线。

06　用黑色眼线笔画出清晰干净的眼线。

07　用睫毛夹分3段夹出卷翘的睫毛。

08　用纤长睫毛膏刷出根根分明的浓密睫毛。

09　用眉刷蘸深咖啡色眉粉，画出基础眉形，着重画眉头。

10　用深咖啡色眉笔一根一根画出有层次的眉毛。

11　用唇刷蘸大红色口红，画出小小的唇形。

12　用腮红刷蘸桃红色腮红，用蝶状打法刷腮红。

13　画花钿、面靥装饰。

　　汉朝流行"红妆"，即不仅敷粉，还要施朱，即敷搽胭脂。浓者明丽娇艳，淡者幽雅动人。汉时妇女以胭脂、红粉涂染面颊。女人们都把脸搽得雪白，用红色的颜料涂抹嘴唇，并且轮廓画得很小，也叫点绛唇。

01　用粉底刷蘸粉底液，将粉底均匀地涂抹全脸。可选比肤色白些的色号。

02　用大号粉底刷蘸少许散粉定妆，顺序由内向外。

03　用大号眼影刷蘸杏色眼影，将整个眼眶打上眼影，作为底色。

04　将中号眼影刷蘸浅咖啡色眼影，在双眼皮褶皱内均匀地涂抹。

05　用小号眼影刷蘸深咖啡色眼影，在睫毛根部处附近涂抹。

06　用眼线刷蘸眼线膏，紧挨睫毛根部勾出干净流畅的眼线。

07　夹睫毛，再刷睫毛膏，使睫毛浓密。

08　用眉扫整理眉毛。

09　用眉刷蘸咖啡色眉粉，刷出自然的平眉。

10　再用眉笔添补缺损的地方。

11　用唇刷蘸上桃红色口红，画出自然润泽的唇色。

12　用鼻侧影刷蘸侧影粉，从眉头下方刷至鼻梁两侧。

13　用腮红刷在笑肌处，边缘要过渡自然。

　　传统的韩国美女妆容朴素清雅，不乏典雅气质。妆面干净柔和，肤色处理得自然白皙。眉毛基本保持自然状态，没有刻意修饰的痕迹，用眉粉描画出自然眉形即可。眼影使用淡雅的自然色，如浅咖啡色、浅粉色、浅杏黄色，使眼形自然。

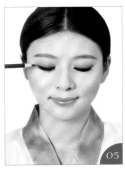  

01　选用深浅两色粉底膏，用湿粉扑修饰出面部的立体感。

02　用大号的散粉刷蘸比肤色略白的散粉定妆，顺序为由内而外。

03　用大号眼影刷蘸杏色眼影，将整个眼眶涂上淡淡的一层。

04　用中号眼影刷蘸咖啡色眼影，在双眼皮褶皱内涂抹，使眼睛有神。

05　用眼线笔紧挨着睫毛根部勾勒出干净流畅的眼线，眼线可适当拉长些。

06　用小号眼影刷蘸浅咖啡色眼影画出下眼影。

07　用睫毛夹分 3 段将睫毛夹翘。

08　用纤长睫毛膏将睫毛拉长，再用浓密睫毛膏增加睫毛的浓密感觉。

09　用咖啡色眉笔顺着眉毛的生长纹理一根一根画出自然平直的眉毛。

10　用腮红刷蘸橙色腮红，涂抹在笑肌周围。

11　选用肉橙色的口红，均匀涂抹在唇部。

　　日本的女子结婚时，脸上要涂一层厚厚的白粉，看上去皮肤失去弹性，甚至连表情也很难传达了。古时用红染颊、口唇，还用它染眼圈。眉的处理方式是将自然的眉毛剃掉，用眉墨勾画出美丽的形状。年轻人描眉崇尚浓粗眉形；老年人喜欢描细眉；幼女的眉也描得很细，人称"三月眉"、"线眉"。

01　取最浅色的膏状粉底，用湿粉扑涂一层厚厚的粉妆。

02　用散粉刷蘸白色散粉，均匀地定妆。

03　用眉刷轻刷眉毛，整理眉形。

04　用深灰色眉笔描画出线条清晰的细眉。

05　用小号眼影刷蘸黑色眼影，画出上、下眼线，再向上晕染。

06　用大号眼影刷蘸桃红色眼影，涂在眼睛后方。

07　用桃红色口红描画出小巧的唇。

复古欧洲宫廷妆容的特征是眉毛立体、略粗，眼妆要浓郁，色彩要明快。

  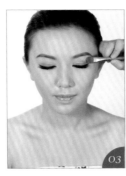 

01 选深浅两色的粉底液，修饰出面部的立体感。

02 用散粉刷蘸定妆粉定妆。

03 用大号眼影刷蘸淡紫色眼影粉，晕染整个眼睑，边缘过渡要自然。

04 用中号眼影刷蘸紫色眼影粉，从睫毛根部向双眼皮褶皱晕染。

05 用小号眼影刷蘸深紫色眼影粉，在上眼睑和下眼睑紧挨睫毛根处晕染。

06 用水溶眼线粉紧挨睫毛根部勾勒出清晰明快的眼线。

07 夹睫毛，用浓密型睫毛膏刷睫毛。

08 用咖啡色眉笔描绘出干净立体、有一定挑度的眉毛。

09 用桃粉色唇彩画出饱满的唇。

10 用鼻侧影刷蘸侧影粉，从眉头下方刷至鼻梁两侧。

11 用修容刷蘸米色修容粉，对高光区（T区、下巴、倒三角区）提亮。

12 用腮红刷蘸亮粉色腮红，用蝶形打法刷腮红。

发型基础篇

第6章 发型工具与产品

1. 黑发卡
用于固定头发。

2. 皮筋
用于固定发束。

3. 分区夹
造型时起到临时固定头发的作用。

4. 尖尾梳
可用于梳理头发，分发线，也可用于打毛。

5. 圆筒梳
主要用于吹风做发卷使用，吹出的发卷比较自然，有弹性。

6. S形梳（包发梳）
主要用于打毛头发，使头发蓬松，也可用于梳顺头发。

7. 电卷棒
通过加热卷曲头发。各种卷筒的粗细不同，可根据发卷的大小选用不同规格的电卷棒。

8. 直板夹电发器
电热定型，具有拉直头发、定型及改善发质的功能。

9. 玉米须电发器
加热后可夹出麦穗状的效果，使头发蓬松。

10. 发胶
种类较多，硬度不一样，有干胶、水胶。用于固定发型。

11. 啫喱膏
透明膏状，用于局部造型，起固定、保湿的作用，可让头发有光泽感、水润感。

12. 发蜡
膏状，有一定黏度，可改善头发蓬松程度，使头发有光泽。能使发型持久，又有动感和层次感。

第 7 章 发型基本手法

一、内扣刘海

将刘海向前梳顺。

将刘海向内卷。

下暗卡固定，完成。

二、外翻刘海

用电卷棒将刘海向外做同轴旋转。

用发卡将发尾固定在耳后，完成。

三、扎马尾

用包发梳将头发向后梳顺，用手握紧。

用皮筋缠绕并固定。

四、打毛

挑起一缕头发，从中部开始向发根逐渐倒梳。（要梳顺，则从发尾开始理顺。）

五、做卷筒

将头发梳高位马尾，用皮筋缠绕固定。

取一缕头发，进行打毛处理。

将头发向前打卷，绕在手指上。

将手指取出，用发卡固定在手指按压的地方。

用同样的手法处理其余头发。

六、包发

将所有头发梳顺，用手提起，使其与地面水平。

使尖尾梳与地面垂直，压住左边头发的发根。

梳子固定不动，将头发绕尖尾梳向右做同轴转动。

将梳子垂直取出。

用发卡固定在梳子按压的地方。

七、单边续发

从刘海区取三缕头发。

将三缕头发编三股发辫，每编一节从前方加一缕头发，编入三股辫里。

将发辫固定于耳后，完成。

发型实例篇

第 8 章 60 款发型实例

一、7 款旗袍发型

　　根据中国的传统文化，旗袍造型应在风格上把握"复古"这一重点。一般可以利用翻卷的波纹刘海、流畅的 S 形线条、高贵的包发和盘发等手法来体现古典美；亦可将中国的古典文化与现代元素结合起来，表现新娘的现代感。发饰应选择与旗袍相同的颜色，或选择与之呼应的颜色，这样整体看上去才会有统一感。

01 用梳子以梳齿的长度分出右侧前发区。

02 同样分出左侧前发区。

03 将右侧前发区头发分出手指宽度的一片发片，与头皮成 90 度角做同轴转动烫卷。

04 用发卡固定发筒，等待冷却定型。

05 将左侧前发区头用同样的手法烫卷。

06 用发卡固定发筒，等待冷却定型。

07 将顶区头发打毛，使其蓬松。

08 将发卡取出，轻轻梳顺头发。

09 用梳子顺着头发的卷度、纹理，一前一后推出 S 形波纹。（推波纹时，要用梳子梳透头发。）

10 将后发区头发打圈盘起并固定。戴红钻饰品装饰。

01　将刘海 4 / 6 斜分。

02　在顶区取三缕头发，编三股续发发辫。

03　将右侧发区头发打毛。

04　将右侧发区头发向后拧包，用发卡固定。

05　将后发区头发向上拧包，用发卡固定。

06　将刘海固定在耳后，用发卡固定。

07　在左侧加假发卷发包，将发辫在假发包上打圈并固定。

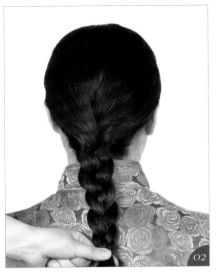
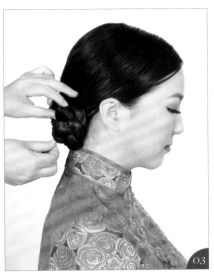

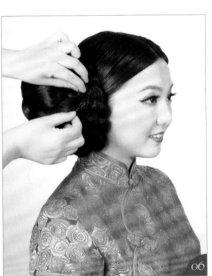

01 将刘海从中间分开。

02 将头发编三股发辫，用皮筋固定。

03 将发辫向右打圈盘起。

04 在右侧固定假发包作为基座。

05 在右侧再固定蝴蝶形假发包。

06 在假发包周围缠绕假发辫，用发卡固定，使其与真发衔接。

01 将头发从头顶到两耳分出前发区和后发区。

02 将后发区头发梳中位马尾，用皮筋固定。

03 将马尾进行打毛处理。

04 将马尾向下打圈，盘成发包，用发卡固定。

05 将右侧发区头发进行打毛处理。

06 将右侧发区头发向后收起并固定。

07 将左侧头发做手打卷。

08 用发卡固定发卷，注意发卷之间的衔接。

09 戴红钻饰品装饰。

O1　将头发从头顶到两耳分出前发区和后发区。

O2　将后发区头发向左梳侧马尾。

O3　将马尾打毛。

O4　将马尾向下打圈盘起，盘成发包状，用发卡固定。

O5　将右侧发区头发打毛。

O6　将右侧发区头发向后收起并固定。

O7　将左侧发区头发向后收起并固定。

O8　将发尾整理出纹理，做手打卷，固定在发包上。

O9　戴红钻饰品装饰。

01　将头发从头顶到两耳分出前发区和后发区。

02　从前发区中间取一缕头发。

03　将头发向后打卷并固定。

04　将后发区头发梳高位马尾，用皮筋固定。

05　将马尾在额头做手打卷并固定。

06　再取一缕头发，做手打卷并固定。

07　剩余头发用同样的手法处理，注意发卷之间的衔接。

08　在左侧后发区固定假卷发包，戴仿真蝴蝶装饰。

二、4款秀禾发型

秀禾服因秀禾在《橘子红了》这部电视剧里所穿的服装而得名，是汉人的服饰。秀禾服由丝线手工绣花，雅致而喜庆。秀禾服发型的特点是传统、喜庆、典雅。采用可拉长脸型的高高的发髻，刘海样式多样，奇遇头发在耳后松散地挽起，将女子衬托得娇俏、温婉。

01 将刘海从中间分开。

02 将右侧发区头发打毛。

03 将小发包固定在右侧发区。

04 用右侧发区头发包住小假发包，向后固定。（左侧用同样的手法处理。）

05 将后发区头发梳马尾，用皮筋固定。

06 将马尾向上打圈盘起，用发卡固定。

07 将小发片刘海固定在额头上方。

08 在顶区固定长条假发包。

09 再在上方固定大牛角假发包。

10 在后发区下方右侧固定假发包。

11 左侧用同样的手法处理。

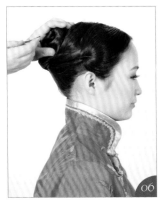

01　将刘海从中间分开。

02　将右侧发区头发打毛。

03　将小发包固定在右侧发区。

04　用右侧发区头发包住小假发包，向后固定。（左侧用同样的手法处理。）

05　将后发区头发梳马尾，用皮筋固定。

06　将马尾向上打圈盘起，用发卡固定。

07　将圆形小发包固定在额头上方。

08　在顶发区固定大发包。

09　在右侧发区和顶发区之间固定长条形假发条。

10　左侧用同样的手法处理。

11　戴金饰装饰。

01 分出斜刘海。

02 将刘海向后拧，固定在耳后。

03 将左侧发区打毛。

04 将左侧发区头发向后拧，固定在耳后。（右侧发区用同样的手法处理。）

05 将后发区头发向上拧包，收起并固定。

06 在顶区固定长条形假发包。

07 在刘海与发包之间固定假发辫，与假发包衔接。

01 将刘海从中间分开。

02 将右侧发区头发打毛。

03 将小发包固定在右侧发区。

04 用右侧发区头发包住小假发包，向后固定。（左侧用同样的手法处理。）

05 将后发区头发梳马尾，用皮筋固定。

06 将马尾向上打圈盘起，用发卡固定。

07 将桃心形刘海固定在额头上方。

08 在顶区固定长条形假发条。

09 在后发区两侧固定假发包。

三、4 款凤冠霞帔发型

　　凤冠霞帔是旧时富家女子出嫁时的装束。与凤冠霞帔相搭配的发型，传统是在后脑勺正中部位盘一个大的发髻，在此基础上再用不同发饰点缀，最典型的发饰是镶满珠翠的凤冠。这一传统相当重要，发型要做得对称、规整，它寓意着"堂堂正正，不偏不倚的新娘"，不能盘成偏侧的发髻。

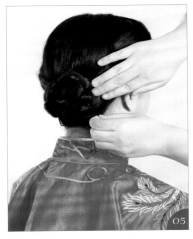
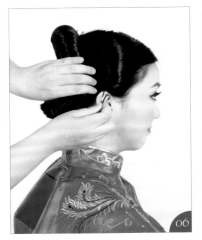
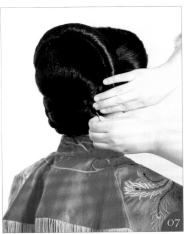

01　在右侧发区固定小发包。

02　将右侧发区头发向后梳理，包住小发包，固定在耳后。

03　左侧发区头发用同样的手法处理。

04　将后发区头发编三股辫并固定。

05　将发辫打圈、收起并固定。

06　在顶区固定牛角假发包。

07　在后发区固定大假发包。

01 将头发从头顶到两耳分出前发区和后发区。将后发头发提起并打毛。

02 将尖尾梳与地面垂直，压住左边头发发根，梳子固定不动，用头发绕尖尾梳，向右做同轴转动。

03 将梳子取出，用发卡固定梳子原本按压的地方。

04 将发尾打圈、收起并固定。

05 将右侧前发区头发打毛。

06 将头发向耳后收起并固定。左侧前发区头发用同样的手法处理。

07 将前发区中间的头发向顶区收起并固定。

08 在额头固定齐刘海。

09 佩戴凤冠，进行装饰。

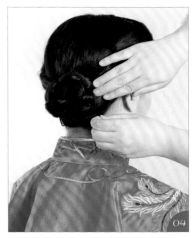

01 在右侧发区固定小发包。

02 将右侧发区头发向后梳理，包住小发包，固定在耳后。

03 将后发区头发编三股辫并固定。

04 将发辫打圈、收起并固定。

05 在顶区固定假发辫。

06 在顶区上方固定大牛角假发包。

07 在两侧固定直发假发片。

01　将侧发区头发打毛。

02　在侧发区固定假发小发包。

03　将侧发区头发向后固定，使其包住假发包。

04　将后发区头发向上盘起并固定。

05　在后发区固定假发片。

06　在顶区固定长条形假发包。

07　在长条形假发包上方固定假发条。

四、7 款清朝发型

清初宫中女性流行梳两个横长髻，因这种发式平分左右，各扎一把，宫内后妃称其为"小两把头"。也有的在梳头时先固定头座，再搭上发架，将头发分成两把，交叉绾在发架上，末端配"小燕翅"。到清晚期，清宫后妃风行"大拉翅"。

01 将刘海中分。

02 将刘海向后收起，用发卡固定。

03 在后发区固定假发包。

04 在顶区用假发辫绕圈固定，做旗头的"头座"。

05 在发辫上固定一根假发棍。

06 在发棍上再固定一根假发棍。

07 戴彩色蝴蝶和红色小流苏进行装饰。

01 在刘海区中部纵向分出一缕头发。

02 将这缕头发拧绳并固定在顶区，将后发区头发打圈、收起并固定。

03 将两侧发区头发向后收起并固定。

04 在顶区固定直发假发片。

05 将假发片编三股辫，用皮筋固定。

06 在顶区用假发辫绕圈并固定，做旗头的"头座"。

07 在后发区固定"旗头"。

08 戴金步摇装饰。

01 将刘海分成直角 Z 形。

02 将两侧发区头发向后收起并固定。

03 在右侧后发区固定假发包。

04 从头顶到两边耳后固定一条假辫。

05 把旗头斜向右侧固定。

06 佩戴华丽金饰装饰。

01 将刘海中分。

02 在后发区梳马尾。

03 将马尾向上打卷盘起，用发卡固定。（做旗头的"基座"。）

04 将右侧发区头发向后收起并固定。

05 将左侧发区头发也向后收起并固定。

06 在顶区盘绕假辫并固定。

07 在顶区戴"旗头"。

08 佩戴粉色花朵装饰。

01 将刘海从中间分开。

02 从头顶分出一缕头发，用皮筋固定。

03 将该缕头发编三股发辫并固定。

04 将发辫打圈并盘在顶区，用发卡固定。（做旗头的"基座"。）

05 将后发区头发从中间纵向分开。

06 将"燕翅"上的两个小辫子盘在"基座"上，用发卡固定。

07 将后发区右侧头发向左梳，包住"燕翅"，固定在"基座"上。

08 将后发区左侧头发用同样的手法处理。

09 将前发区右侧头发向左梳，固定在"基座"上。

10 将前发区左侧头发用同样的手法处理。

11 在"基座"前方固定两条假发辫，在后方固定"旗头"。

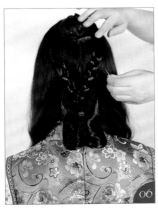

01 将刘海从中间分开。

02 从头顶分出一缕头发，用皮筋固定。

03 将该缕头发编三股发辫并固定。

04 将发辫打圈并盘在顶区，用发卡固定。（做旗头的"基座"。）

05 将后发区头发从中间纵向分开。

06 将"燕翅"上的两个小辫子盘在"基座"上，用发卡固定。

07 将后发区右侧头发向左梳，包住"燕翅"，固定在"基座"上。

08 将后发区左侧头发用同样的手法处理。

09 将前发区右侧头发向左梳，固定在"基座"上。

10 将前发区左侧头发用同样的手法处理。

11 在顶区固定长条形假发包。

12 在假发包与真发衔接处固定假发辫。

13 在假发包上固定"大旗头"。

01 将头发分出刘海区与后发区。将后发区头发梳马尾。

02 将马尾向上打卷收起，用发卡固定。

03 在马尾发髻上固定两片假发片。

04 将右侧假发片拧转，固定在右侧发区。

05 在左侧后发区固定牛角假发。

06 用左侧假发片包住牛角假发，向后固定。

07 在右侧加一片假发片固定，做饱满的斜刘海。

08 在左侧上方加一缕假发辫，填补空缺，佩戴金饰。

五、10 款唐朝发型

唐代女子发式以梳髻为主，或绾于头顶，或结于脑后，形制十分丰富。名目有半翻髻、云髻、盘桓髻、惊鹄髻、倭堕髻、双环望仙髻、乌蛮髻、回鹘髻等数十种。初唐时发髻简单，较低平；盛唐以后流行高髻，髻式纷繁。发上饰品有簪、钗、步摇、铀、花等，多以玉、金、银、玳瑁等材料制成，工艺精美。簪钗常成对使用，用时横插、斜插或倒插。步摇是其中的精品，钗首制成鸟雀状，雀口衔挂珠串，随步行摇颤，倍增韵致。

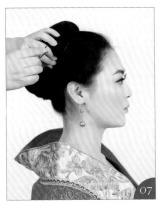

01　将刘海中间分出 V 形发片。

02　将发片向后拧，用发卡固定。

03　将右侧发区头发打毛。

04　将右侧发区头发向后收起并固定，左侧用同样的手法处理。

05　将剩余头发扎马尾，用皮筋固定。

06　将马尾向上卷盘起并固定。

07　在顶区固定长条形假发包。

08　再向上固定大牛角假发包。

09　在最上方固定细牛角假发包。

10　在两侧固定长条形假发包，注意假发之间的衔接。

01　将刘海区从中间分开。

02　将所有头发从顶区到两耳为分界线分成前发区和后发区。

03　将后发区头发扎马尾，用皮筋固定。

04　将马尾编三股发辫。

05　将发辫向上卷，盘起并用发卡固定。

06　将右侧刘海向后梳并固定，左侧用同样的手法处理。

07　在右侧发区固定牛角假发包，左侧用同样的手法处理。

08　在顶区固定假发包。

09　在顶区假发包两侧固定小假发包。

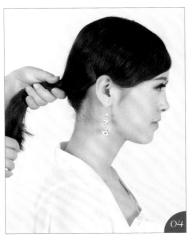
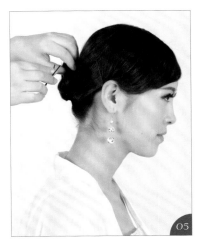

01　在刘海区分出斜刘海。

02　将刘海向后梳并固定。

03　将左侧发区头发向后梳并固定。

04　将所有头发扎低位马尾。

05　将马尾向上卷，盘起并固定。

06　在顶区到两耳固定假发辫。

07　在顶区发辫上固定大蝴蝶结假发包。

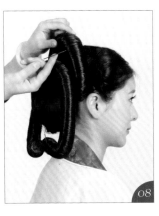

01 将刘海区从中间分开。

02 在两侧发区垫小假发包，用发卡固定。

03 将右侧发区头发向后梳，包住小假发包，用发卡固定。左侧用同样的手法处理。

04 将头发扎成品字形的三条马尾。

05 将上方马尾缠绕下方马尾，用发卡固定。

06 将下方马尾向上卷，盘起并固定。

07 在后发区固定圆筒状假发条。

08 在顶区固定牛角假发包。

09 在顶区左侧再固定假发包。

10 在顶区右侧固定小蝴蝶结假发包，佩戴金饰。

01 将刘海从中间分开。

02 将后发区头发扎马尾，将右侧头发打毛。

03 将右侧头发向后梳，拧包并固定。左侧用同样的手法处理。

04 将马尾向上卷，盘起并固定。

05 在顶区固定细假发辫。

06 将假发辫卷成蝴蝶结形并固定。

07 固定假发辫，使其自然垂在两侧。

08 在顶区右侧再固定假发辫，打圈并固定。左侧用同样的手法处理。

09 在后发区右侧固定细假发辫，打圈并固定。

01　扎高位马尾，用皮筋固定。

02　将马尾向上卷，盘起并用发卡固定。

03　在顶区固定假发发片。

04　将右侧假发发片向上拧。

05　将发尾固定在顶区，左侧用同样的手法处理。

06　在顶区固定假发包。

07　在顶区右侧固定假发包。

08　佩戴大花和金饰。

01　将斜刘海向下拧，用发卡固定。

02　在左侧发区垫小假发包。

03　将左侧发区头发打毛。

04　将左侧发区头发向后梳，包住假发包并固定。右侧用同样的手法处理。

05　将后发区头发编三股发辫。

06　将发辫向上打圈，盘起并固定。

07　在顶区固定大牛角假发包。

08　在左侧发区固定小牛角假发包。

09　在右侧发区下方固定大蝴蝶结假发包。

10　在右侧发区上方固定假发条。

11　在右侧顶区再固定小假发包，注意发包之间的衔接要自然。

O1 将刘海区中间头发向后拧，用发卡固定。

O2 将两侧发区头发都向后拧，用发卡固定。

O3 在顶区取一缕头发，用皮筋固定。

O4 将这缕头发向额头绕一圈并固定。

O5 将后发区头发编三股发辫。

O6 将发辫向上打圈，盘起并固定。

O7 在两侧发区固定长条假发包。

O8 在顶区固定蝴蝶结形假发包。

O9 在顶区固定牛角假发。

01 将头发分成前发区和后发区。

02 在顶区靠前固定牛角假发包。用前发区头发包住牛角假发包并固定。

03 将后发区头发扎马尾。

04 将马毛向上打圈，盘成圆形发包。

05 用发卡固定。

06 在顶区固定圆筒状假发条。

07 在顶区固定假发包。

08 整理发条形状，佩戴饰品。

01　在顶区靠前固定牛角假发包。

02　用前发区头发包住牛角假发包，用发卡固定。

03　将后发区头发扎低位马尾。

04　将马尾向上打圈，盘成圆形发包，用发卡固定。

05　在顶区固定假发包。

06　在上方再固定一个小的假发包。

07　在两侧发区下方固定圆筒状发棍。

08　在右侧发区上方固定圆筒状发棍。

09　左侧用同样的手法处理。

10　佩戴大花、金饰进行装饰。

六、8 款汉朝发型

汉代妇女的发型通常以绾髻为主。一般是从头顶中央分开，再将两股头发编成一束，由下朝上反搭，绾成各种式样。有侧在一边的堕马髻、倭堕髻，有盘髻如旋螺的，还有瑶台髻、垂云髻、盘桓髻、百合髻、分髾髻、同心髻等。皇后首饰还有金步摇、笄、珈等。

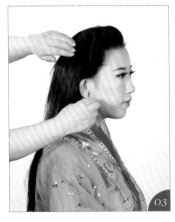  

01 将刘海区头发中分。

02 将侧发区头发打毛。

03 将侧发区头发向后固定

04 将编发小发包固定在前额处。

05 将假发髻固定在顶发区。

06 取一条假发辫。

07 将假发辫固定在前发区与后发区衔接处。

08 将后发区头发扎起，佩戴饰品。

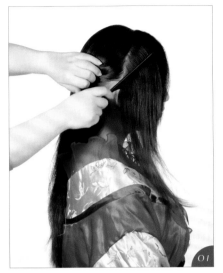

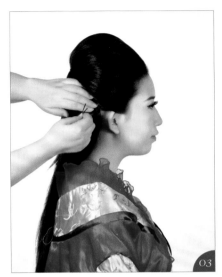

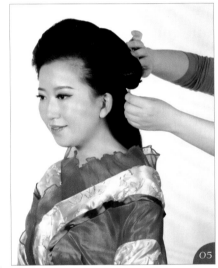

01 将头发从顶区到耳朵分出前发区和后发区。

02 将前发区头发进行打毛处理。

03 将前发区头发向后梳理并固定。

04 在右侧发区上方加假发髻并固定。

05 在左侧发区下方加假发髻并固定。

06 佩戴金饰进行装饰。

01　将头发从顶区到耳朵分出前发区和后发区。将后发区头发扎马尾。

02　将刘海向耳后固定。

03　将右侧头发打毛。

04　将右侧头发向后拧包并固定。

05　将马尾分两份，向根部拧转。

06　用发卡固定。

07　在左侧发区加假发排并固定。

08　在右侧发区固定假发排。

09　在后发区向前加牛角假发髻并固定。

10　佩戴银饰进行装饰。

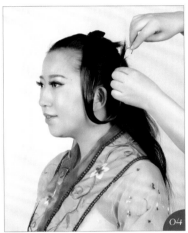

01 将前发区头发用皮筋向后固定。

02 在顶区加假发条，用发卡固定。

03 将右侧发条打圈并固定。

04 左侧用同样的手法处理。

05 将发条在右侧发区上部再打圈并固定。左侧以同样的方法处理。

06 在顶区加小发包并固定。

07 在顶区再叠加一个发包并固定。

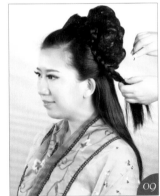

01 将前发区头发打毛。

02 将头发向后拧包并固定。

03 将右侧发区头发打毛。

04 将头发向后拧包并固定。左侧发区头发以同样的手法处理。

05 在右侧加假发包并固定。

06 在左侧加假发包并固定。

07 将假发辫固定在右侧发包上。

08 再将发辫打圈，将其固定在左侧发包上，进行装饰。

09 将假发辫向后收起。

10 佩戴金饰，进行装饰。

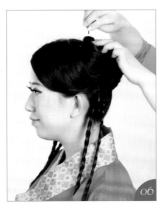

01 将右侧刘海区头发打毛。

02 将右侧头发向后拧包。

03 将左侧刘海区头发向后收起，用发卡固定。

04 在左、右侧各取两缕头发，编三股发辫。

05 将后发区剩余头发向上拧包。

06 在顶区用发卡固定。

07 在侧顶区加圆筒状假发条，用发卡固定。

08 在左侧加蝴蝶结假发髻，用发卡固定。

09 在右侧加假发条并固定，注意假发之间的衔接。

10 将右侧发辫向上绕，用发卡固定。

11 左侧用同样的手法处理。

12 佩戴金饰。

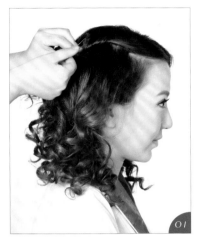

01　将刘海中分，将右侧刘海向下拧绳并固定。

02　将右侧发区剩余头发向上拧绳并固定。

03　左侧头发用同样的手法处理。

04　将后发区头发拧包、收起并固定。

05　在发区加假发髻，用发卡固定。

06　将圆形假发条固定在两侧发区，在顶区加牛角假发，用发卡固定。

07　佩戴银凤钗，进行装饰。

01 将刘海中分，将右侧刘海区头发打毛。

02 在右侧发区垫小发包，用发卡固定。

03 将右侧刘海区头发拧转，包住假发包，用发卡固定。

04 左侧发区头发用同样的手法处理。

05 将后发区头发拧包，收起后用发卡固定。

06 在顶区加圆形假发包并固定。

07 在圆形假发包上固定假发发髻。

08 用假发辫缠绕顶区发髻，用发卡固定。

09 佩戴银饰，进行装饰。

七、4 款韩服发型

传统韩服造型通常把头发光亮地向后梳。平民女子在后面盘一个辫子，贵族女子和宫廷中的嫔妃、尚宫把头发盘在头顶，造型简洁、稳重。

01 将刘海区头发从中间分开。

02 将所有头发扎低位马尾，用皮筋固定。

03 将发辫编三股发辫。

04 将发辫向上打圈并收起，用发卡固定。

05 在前发区固定一条粗的假发辫。

06 在假发辫上再固定一条假发辫，注意发辫之间的衔接。

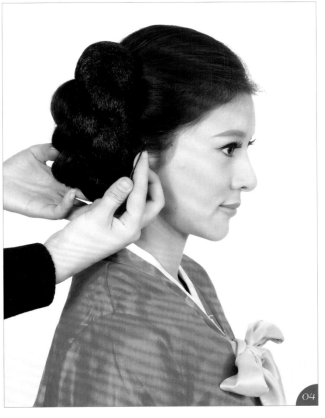

01　将所有头发向右梳，扎中位侧马尾。

02　将马尾编三股发辫。

03　将发辫向上打圈并收起，用发卡固定。

04　在马尾发髻上固定假发条。

05　佩戴金饰，进行装饰。

01 将刘海区头发从中间分开。

02 将所有头发梳低位马尾，用皮筋固定。

03 将马尾编三股发辫。

04 将发辫向上打圈，盘起并固定。

05 将一条粗发辫从顶区到后发区绕一圈，用发卡固定。

06 再将一条粗发辫固定在第一条发辫上。

07 在顶区右侧将一条发辫打圈并固定。左侧用同样的手法处理。

08 佩戴金花，进行装饰。

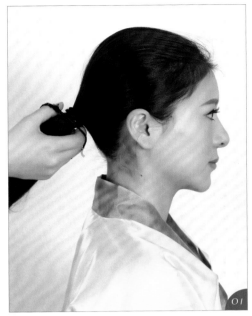

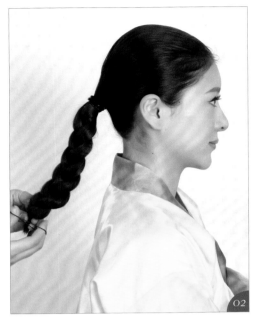

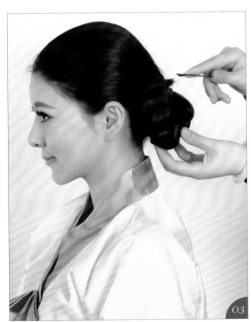

01 将所有头发扎低位马尾。

02 将马尾编三股发辫，用皮筋固定。

03 将发辫向左打圈，用发卡固定。

04 佩戴发簪，进行装饰。

八、2 款和服发型

　　奈良时期，许多日本上层妇女流行结顶髻。她们将长发卷至头顶，卷成两个髻的称双顶髻，卷成一个髻的称高顶髻。这种发式是上流社会妇女及宫女们的发型。而普通妇女则保留着普通的束发，即将长长的头发从背部结起来，或者在后脑位置扎起来。

01　将头发分四个区：刘海区、左侧发区、右侧发区、后发区 。

02　将刘海区头发打毛，将后发区头发扎马尾。

03　将刘海区头发向后拧包，收起并固定。

04　在右侧发区垫小的假发包。

05　将右侧发区头发打毛。

06　将右侧发区头发表面梳理光滑并向后梳，使其包住假发包，固定。左侧用同样的手法处理。

07　将马尾盘起并固定。

08　在顶区固定大牛角假发包。

01　将头发从头顶到两耳分出两个区：前发区和后发区。

02　将后发区头发扎马尾，用皮筋固定。

03　在顶区固定牛角假发包。

04　将前发区头发打毛。

05　将前发区头发向后梳理。

06　用前发区头发包住牛角假发包，将其固定。

07　将马尾头发向上打卷、盘起并固定。

08　在马尾发髻上固定一个假发包。

九、7 款欧洲宫廷发型

欧洲宫廷女性喜欢在头发上加假卷发（特别喜好罗马卷），做发卷，涂发油，并饰以丝带、花边等，并喜欢将头发高高隆起。这样的发式高贵、端庄。

01 用小号电卷棒将所有头发烫罗马小卷。

02 将前区头发打毛。

03 在顶区垫假发垫，用发卡固定。

04 将左侧发区头发向后固定。

05 将右侧发区头发向后固定。

06 整理发型轮廓，喷发胶定型。

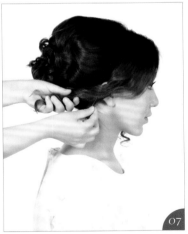

01　将刘海区头发中分。

02　在顶区固定假发包。

03　将顶区头发打毛。

04　用顶区头发包住假发包，向后固定。

05　将后发区头发向上拧包。

06　用发卡将其固定。

07　将刘海区头发向后拧转并固定。

O1 在顶区固定假发包。

O2 将刘海区头发打毛，使其包住假发包。

O3 将右侧后发区头发向上拧包并固定。

O4 在右侧后发区固定假发包。

O5 左侧用同样的手法处理。

01 在顶区固定假发包。

02 将顶区头发打毛并向后固定，使其包住假发包。

03 将左侧发区头发拧包收起，用发卡固定。右侧用同样的手法处理。

04 将左侧后发区头发向右拧绳，用发卡固定。

05 整理头发纹理。

01 用小号电卷棒将所有头发烫罗马小卷。

02 将前区头发打毛。

03 在顶区垫假发垫，用发卡固定。

04 将左侧发区头发向后固定。

05 将右侧发区头发向后固定。

06 将所有头发向上拧包。

07 用发卡固定。

01　将刘海区头发从中间分开，将右侧刘海纵向分出一缕头发。

02　将头发向下拧绳，向后固定。

03　再分一缕头发，向下拧绳，向后固定。

04　最后一缕头发，向上拧绳，向后固定。

05　左侧头发用同样的手法处理。

06　将后发区头发拧包并固定。

07　在顶区加假发包并固定。

08　佩戴钻花，进行装饰。

01 将前发区头发打毛。

02 将顶区头发做手打卷，将其作为顶区基座。

03 将顶区剩余头发向后梳理，包住之前做的手打卷。

04 将刘海区头发也向后做手打卷并固定。

05 再将两侧、后发区头发用同样的手法收起并固定。注意各发区之间的衔接要自然。

十、7 款仙女发型

美丽的仙女是人们美好的想象。在造型时，可采用髻、鬟，盘，绾、叠，拧，结等手法，梳编出各种发式。仙女发型没有固定的风格，清新、妩媚、甜美、高贵皆是美。

01 将刘海中分。

02 将右侧发区头发打毛。

03 将右侧发区头向后拧包、收起并固定。左侧用同样的手法处理。

04 从顶区到两耳固定假发辫。

05 用发卡固定，注意假发和真发的衔接。

06 在顶区固定蝴蝶结假发包。

07 将后发区头发编三股发辫。

08 将发辫向上打圈、收起并固定。

09 在顶区加假发发片。

10 用发卡固定。

01 将刘海四六分开。

02 将刘海向后梳，收起并固定。

03 将左侧发区头发打毛。

04 将左侧发区头发向后收起并固定。

05 从顶区到后发区绕一条发辫，用发卡固定。

06 在顶区固定牛角假发包。

07 在牛角假发包后面固定直发假发。

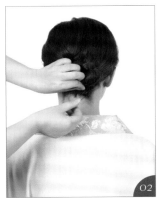

O1　将所有头发编三股发辫。

O2　将发辫向上卷，用发卡固定。

O3　在左侧发区固定假发包。

O4　在假发包上方固定一个小蝴蝶结假发包。

O5　在下方再固定一个小蝴蝶结假发包。

O6　在假发包下方固定假发辫。

O7　在上方再固定假发辫。

O8　在右侧固定一条长发辫。

O9　在头顶至右耳固定假发辫。

1O　佩戴粉色发簪，进行装饰。

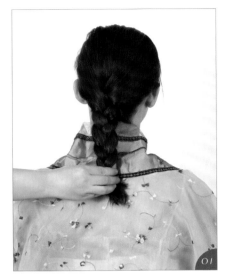
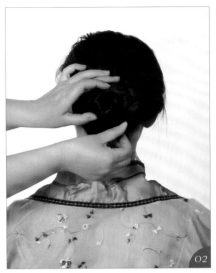

01 将所有头发编三股发辫。

02 将发辫向上卷，用发卡固定。

03 在顶区加假发发片，用发卡固定。

04 在顶区偏左侧固定假发包。

05 在后发区偏右侧固定假发包。

06 将小假发包固定在额头上方，做成刘海。

01　将后发区头发扎马尾，将前发区头发向后拉，固定在马尾上。

02　将所在头发打卷、收起并固定。

03　在顶区固定牛角假发包。

04　在牛角假发包上方固定圆筒状发棍。

05　在发棍上方再固定一根发棍，佩戴珠链，用小发簪装饰。

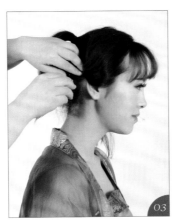
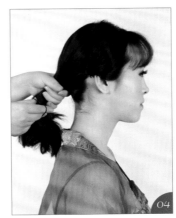
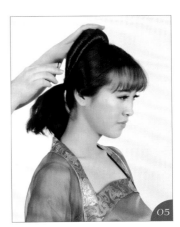

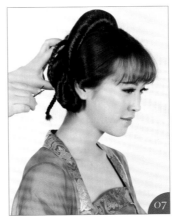

01 将顶区头发从中间分开。

02 将右侧发区头发打毛。

03 将右侧发区头发向后拧转并固定。左侧用同样的手法处理。

04 将后发区头发扎低马尾。

05 在顶区固定牛角假发包。

06 在右侧发区下方固定假发条。左侧用同样的手法处理。

07 在右侧发区上方加假发细发辫，打圈并固定。

08 在下方固定假发细发辫。左侧用同样的手法处理。

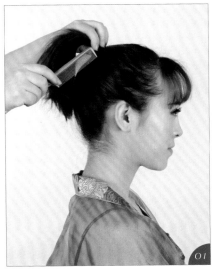

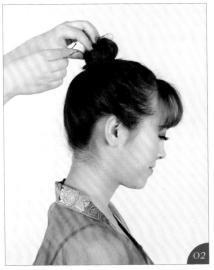

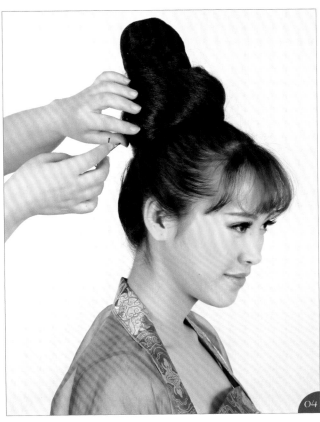

O1 将所有头发扎高位马尾。

O2 将马尾打圈并收起,做假发基座。

O3 将假发高发髻固定在基座上。

O4 取一片假发发片,在高发髻底部绕一圈并固定。

O5 佩戴金色头饰,进行装饰。

服装饰品篇

唐朝服装特点 ▶

由隋入唐，中国古代服装发展到全盛时期。唐代女装的特点是裙、衫、帔的统一。襦裙服是汉族女子服饰中非常基础的一种款式，即女子上穿短襦，下着长裙（俗称上衣下裳）的传统装束。唐女的襦裙装在盛世的影响下充分发展，加半臂，佩披帛，成为唐代乃至整个中国服装史中最为精彩而又动人的一种配套装束。

汉朝服装特点 ▲

汉朝的衣服，主要的有袍、襦（短衣）、裙，在基本款式下又因其领口、袖型、束腰、裁剪方式等的变化演绎出几百种款式。汉服的基本特点是交领、右衽，用绳带系结，也兼用带钩等，又以盘领、直领等为其有益补充。从形制上看，主要有"上衣下裳"制（裳在古代指下裙）、"深衣"制（把上衣下裳缝连起来）、"襦裙"制等类型。其中，上衣下裳的冕服为帝王百官最隆重正式的礼服；深衣为百官及士人常服，襦裙则为妇女喜爱的穿着。普通劳动人民一般上身着短衣，下穿长裤。

◀ 旗袍服装特点

旗袍是女性服饰之一，源于满族女性传统服装，在20世纪上半叶由汉族女性在其基础上予以改良。改良旗袍又在结构上吸取西式裁剪方法，使袍身更为合体。旗袍虽然脱胎于清旗女长袍，但已迥然不同于旧制，其特点为右衽大襟的开襟或半开襟形式，立领盘扣、摆侧开衩，单片衣料、衣身连袖的平面裁剪等。开衩只是旗袍的很多特征之一，不是唯一的，也不是必要的。

◀ 清朝服装特点

旗装外轮廓呈长方形，马鞍形领掩颊护面，衣服上下不取腰身，衫不外露，偏襟右衽以盘扣为饰，假袖二至三幅，马蹄袖盖手，镶滚工艺装饰，衣外加衣，增加坎肩或马褂……其造型完整严谨，呈封闭式盒状体，因此形象肃穆庄重，清高不凡，独树一帜，突破了几千年来飘逸的塔形衣冠，给世人留下了深刻的形象记忆。汉族妇女在康熙、雍正时期还保留明代款式，时兴小袖衣和长裙；乾隆以后，衣服渐肥渐短，袖口日宽，再加云肩；到晚清时，都市妇女已去裙着裤，衣上镶花边、滚牙子。

凤冠霞帔指旧时富家女子出嫁时的装束。凤冠是古代贵族妇女所戴的礼冠，明清时一般女子盛饰所用彩冠也叫凤冠，多用于婚礼时。霞帔是古代妇女的一种披肩服饰。现代的中式婚礼，凤冠霞帔是新人非常喜爱的一种服饰。

秀禾服装特点 ▶

秀禾服是中式新娘礼服的一种，制作方法较为复杂。现在已简化为新娘穿的大红裙褂。秀禾服的"褂"是指上身的对襟衣，"裙"则是下身长裙。以前的褂是唐装剪裁，直袖、衫身阔大、扣花纽。现在流行的款式，已经改良为西装袖、修腰、中袖、拉链设计，变得更时尚及舒适。中袖的设计除了能突出新娘的体态美，也便于展示新娘所佩戴的手链、手镯等。

欧洲宫廷服特点 ▲

欧洲中世纪的女裙一般用裙撑及一些硬的衬裙使得裙子高高隆起，形似篮筐，以后演变为内装撑衣架，又名裙环。后来，有位画家设计出一种背后有褶皱、从颈部飘垂下来的长服，这种衣服洒脱、飘逸。

◀ 和服服装特点

男式和服色彩比较单调，偏重黑色，款式较少，腰带细，附属品简单，穿着方便；女式和服色彩缤纷艳丽，腰带很宽，而且种类、款式多样，还有许多附属品。依据场合与时间的不同，人们也会穿不同的和服。女式和服有婚礼和服、成人式和服、晚礼和服、宴礼和服等。和服本身的织染和刺绣，还有穿着时的繁冗规矩（穿和服时讲究穿木屐、布袜，还要根据和服的种类梳理不同的发型）使它俨然成了一种艺术品。和服属于平面裁剪，几乎全部由直线构成，即以直线创造和服的美感。和服裁剪几乎没有曲线，只是在领窝处开有一个20厘米的口子，上领时将多余的部分叠在一起。和服虽然穿在身上呈直筒形，却能显示安稳、宁静。

韩服服装特点 ▲

韩服的线条兼具曲线与直线之美，尤其是女士韩服的短上衣和长裙，上薄下厚，端庄闲雅。韩服的特色是设计简单、颜色艳丽、无口袋。人们通常认为韩服拥有三大美，即袖的曲线、白色的半襟及裙子的形状。

第 10 章 饰品特点、选择及制作

一、金步摇

金步摇是古代妇女的一种首饰。因其行步则动摇而得名。多以黄金制成龙凤等形，其上缀以珠玉。六朝而下，花式愈繁，或伏成鸟兽花枝等，晶莹闪耀，与钗细相混杂，簪于发上。金步摇一步一颤，珠玉缠金流光，流苏长坠荡漾，充满了一种举止生动、青春可爱的美丽。

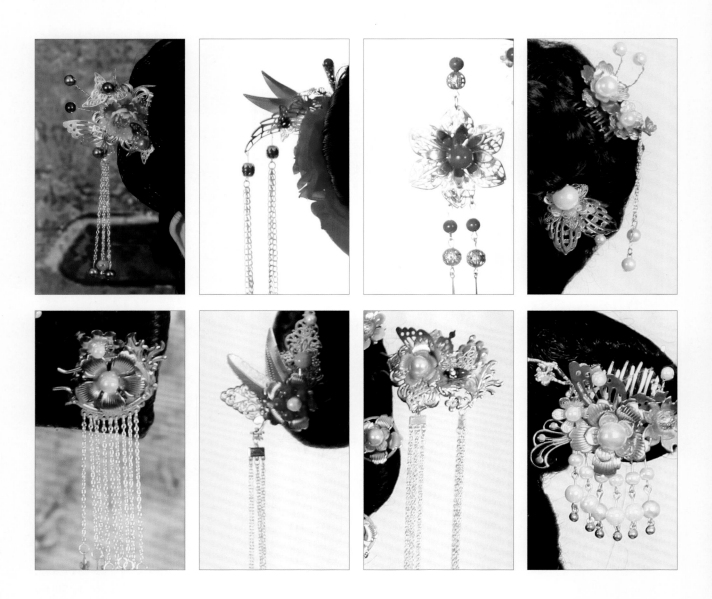

二、簪

簪是由笄发展而来的，是古人用来绾定发髻或冠的长针。可用金属、骨头、玉石等制成。后来专指妇女绾髻的首饰。钗与簪是有区别的，发簪作成一股，而发钗一般作成两股。

三、额饰

佩戴在额前的饰品，在整体的造型中有点睛的作用。

四、饰品制作

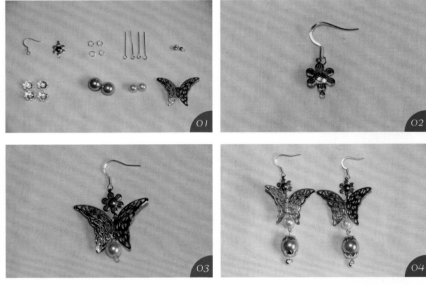

1. 珍珠蝶恋花耳坠的制作

01 将做耳坠的配件准备好。

02 将耳环勾用金属小圆圈和花朵连接片进行连接。

03 将金属蝴蝶片用金属小圆圈进行连接，小珍珠用9字针进行连接。

04 用9字针连接大珍珠、珍珠金属托及水滴状小坠。

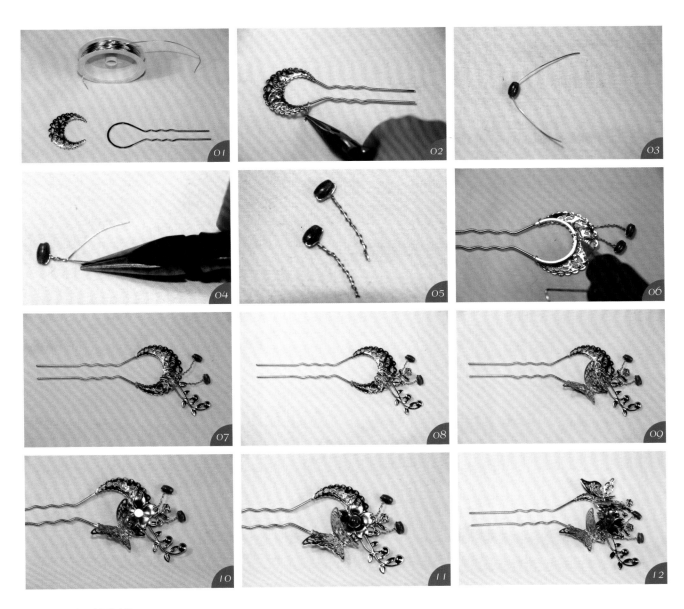

2. 翠石钗的制作

01 准备银色铜丝线、银色半圆叉、银色月牙金属片。

02 将月牙片的圆弧形与半圆叉的圆弧形重叠，用钳子拧铜丝线，将其固定，做成钗座。

03 用铜丝线穿过翠石。

04 用钳子拧铜丝线。

05 做两个翠石配件备用。

06 用胶枪将翠石配件粘到钗座上。

07 将银色金属花叶粘在翠石右侧。

08 在翠石配件中间粘金属小花。

09 在花叶下方粘银色金属蝴蝶。

10 在小花下方粘五瓣金属花瓣。

11 在花瓣中间粘翠石。

12 在花朵右侧再固定一个蝴蝶。

作品赏析篇

兴圆整体造型学院 姜月辉

兴圆整体造型学院 姜月辉

兴圆整体造型学院 姜月辉

兴圆整体造型学院 姜月辉